ESPACIO INCREÍBLE

EL SOL

POR MATT LILLEY

CREATIVE EDUCATION • CREATIVE PAPERBACKS

Publicado por Creative Education y Creative Paperbacks
P.O. Box 227, Mankato, Minnesota 56002
Creative Education y Creative Paperbacks
son sellos de The Creative Company
www.thecreativecompany.us

Diseño de The Design Lab
Dirección artística de Graham Morgan
Editado por Joe Tischler y Ana Brauer

Fotografías de Getty Images/MARK GARLICK, 6; NASA/GSFC/SDO, 18, GSFC/Solar Dynamics Observatory, 2, SDO, HMI, portada, SDO, HMI, 14; Science Source/Detlev van Ravenswaay, 17; Unsplash/Jongsun Lee, 21, Melissa van Niekerk, 5, NASA, 10, Ravi Sharma, 20; Wikimedia Commons/ ESA/Hubble, 7, J. Falck, 13, Museo Civico di Modena, 16, NASA, 9, 11, NASA/Johns Hopkins APL/Steve Gribben, 22-23, NASA/SDO (AIA), 1

Library of Congress Cataloging-in-Publication Data
Names: Lilley, Matt, author.
Title: El sol / Matt Lilley.
Other titles: Sun. Spanish
Description: Mankato, Minnesota : Creative Education and Creative Paperbacks, [2025] | Series: Espacio increíble | Includes index. | A udience: Ages 6–9 | Audience: Grades 2–3 | Summary: "Learn about the composition and formation of our solar system's largest star, the sun. Trans lated into North American Spanish, this astronomy title for elementary-aged kids includes captions, on-page definitions, a space science feature, and an index"— Provided by publisher.
Identifiers: LCCN 2024022737 (print) | LCCN 2024022738 (ebook) | ISBN 9798889895442 (library binding) | ISBN 9781682777374 (paperback) | ISBN 9798889895527 (ebook)
Subjects: LCSH: Sun—Juvenile literature.
Classification: LCC QB521.5 .L5418 2025 (print) | LCC QB521.5 (ebook) | DDC 523.7—dc23/eng/20240617
LC record available at https://lccn.loc.gov/2024022737
LC ebook record available at https://lccn.loc.gov/2024022738

Impreso en China

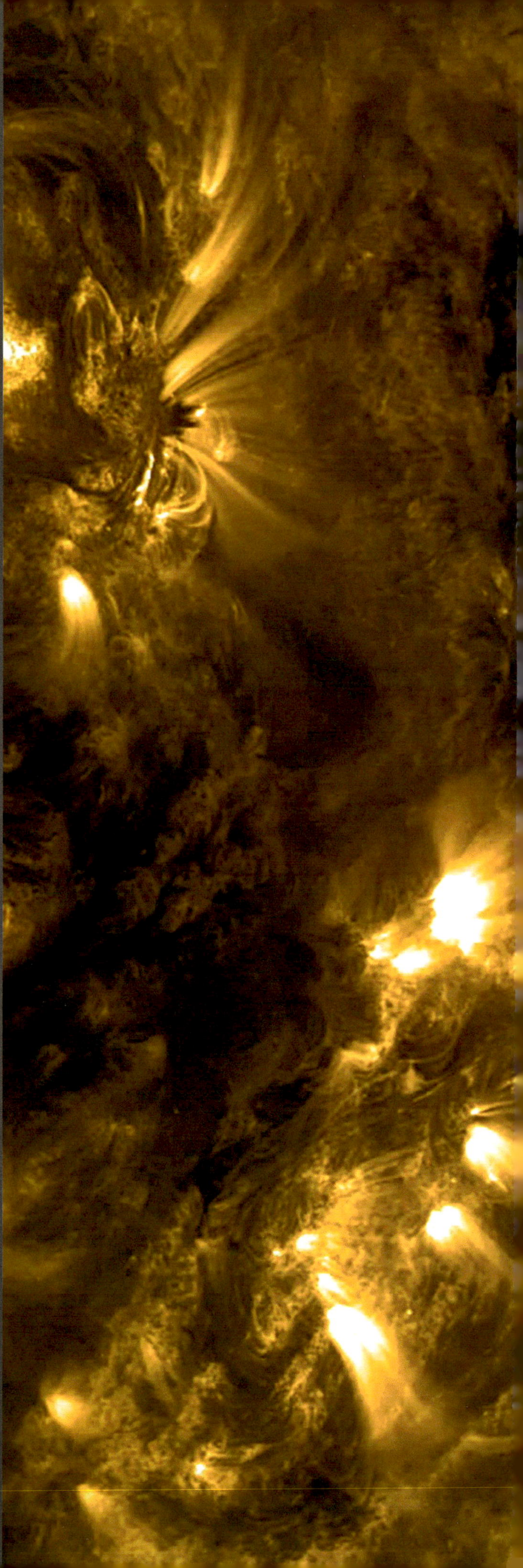

Índice

El Sol es una estrella. Es la estrella más cercana a la Tierra. Por eso parece más grande que otras estrellas. Es un tipo de estrella que los científicos denominan "enana amarilla".

El Sol es la única estrella de nuestro sistema solar.

La siguiente estrella más cercana a la Tierra se encuentra a unos 23,5 billones de millas (37,8 billones de km).

El Sol se encuentra en el centro del sistema solar. Todos los planetas del sistema solar **giran** a su alrededor. El Sol se encuentra a unos 150 millones de kilómetros (93 millones de millas) de la Tierra. La luz del Sol tarda unos ocho minutos en llegar a la Tierra.

girar moverse alrededor de algo en un bucle

El Sol ocupa el espacio de más de un millón de Tierras.

El Sol es el objeto más grande del sistema solar. Tiene la **masa** de unas 330.000 Tierras. La Tierra **rota** una vez al día. El Sol también rota. Tarda unos 27 días.

masa la cantidad de materia o sustancia que compone un objeto

rotar girarse

El nombre Sol es una palabra latina.

El Sol está formado en su mayor parte por gas hidrógeno y helio. Los gases se calientan y forman plasma. La superficie del Sol está a unos 10.000 grados Fahrenheit (5.538 grados Celsius). El centro está mucho más caliente.

plasma una sustancia similar a un gas pero que puede transportar electricidad

Nicolás Copérnico fue un ***polímata****. Estudió matemáticas y* ***astronomía****.*

En los años 1500, la gente pensaba que el Sol orbitaba alrededor de la Tierra. Esto era erróneo. Nicolás Copérnico utilizó las matemáticas para comprender cómo se mueven los planetas. Demostró que los planetas orbitan alrededor del Sol.

astronomía estudio de todo lo que hay en el espacio

polímata persona con amplios conocimientos

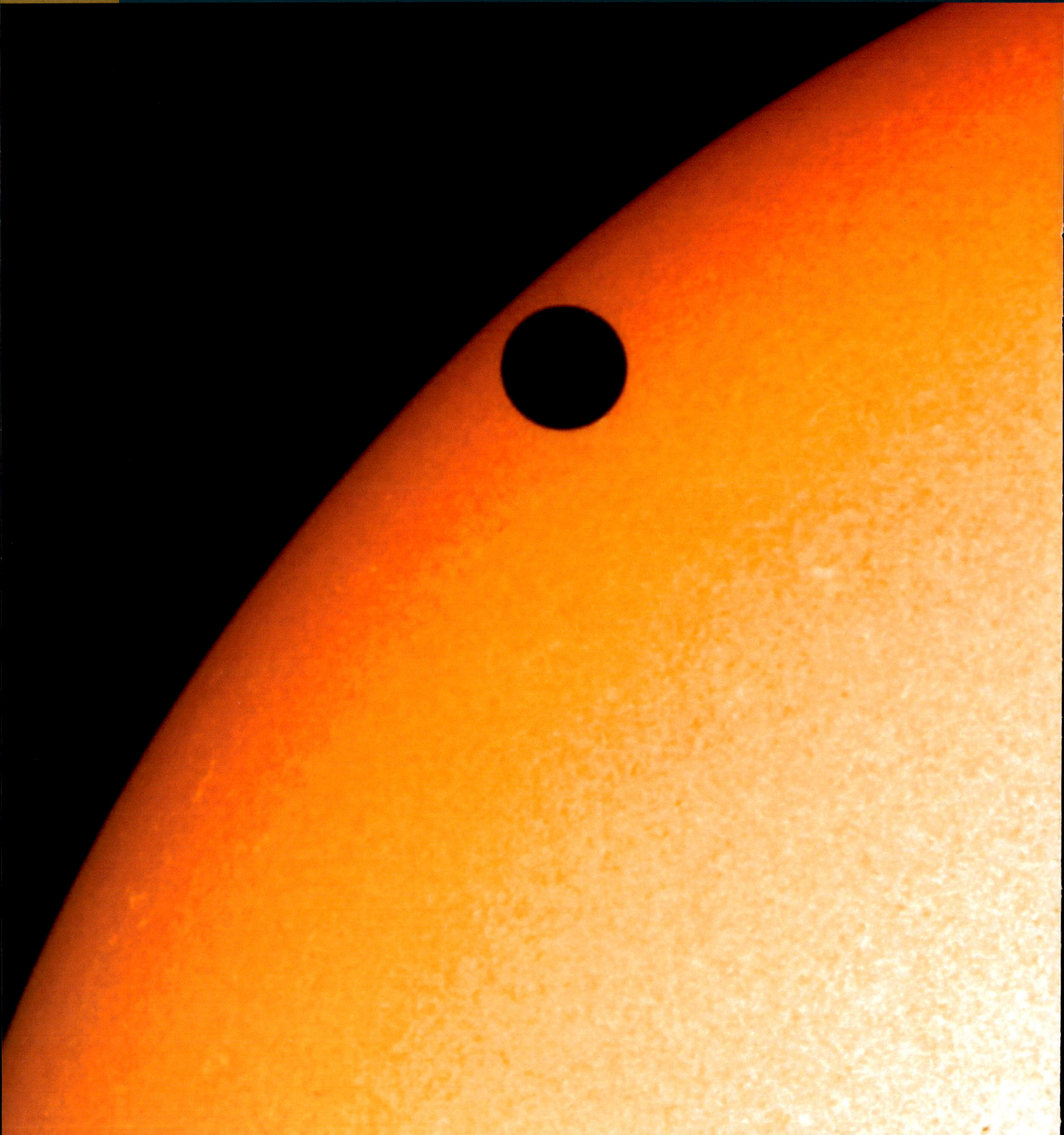

En 1761, Venus pasó entre la Tierra y el Sol. Fue un acontecimiento poco frecuente. Astrónomos de todo el mundo lo observaron. Desde distintos lugares de la Tierra, observaron cuándo Venus pasaba por delante del Sol.

La próxima vez que Venus pase entre la Tierra y el Sol será en 2117.

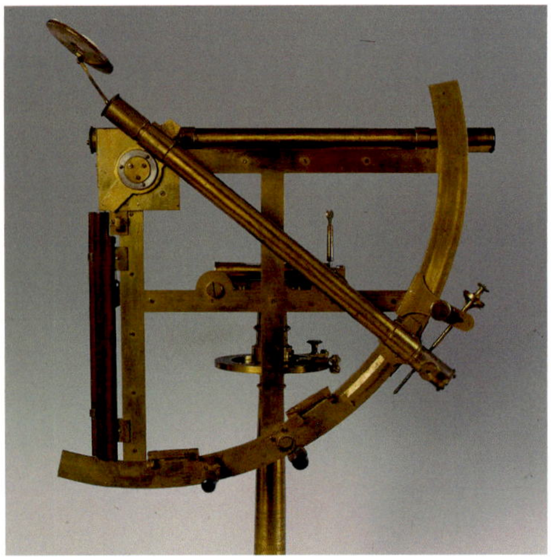

Los astrónomos midieron los ángulos de Venus desde distintos puntos de la Tierra. Utilizaron el ángulo para calcular la distancia a Venus. Una vez que conocían la distancia a Venus, podían calcular la distancia al Sol.

La luz creada en el interior del Sol tarda miles de años en llegar a su superficie.

Las auroras boreales son creadas por el plasma del Sol que choca con el campo magnético de la Tierra.

Al igual que la Tierra, el Sol tiene polos magnéticos. Tiene un polo norte y un polo sur. Cada 11 años, los polos cambian de lugar. Antes de que cambien de lugar, el Sol se vuelve más activo. Dispara plasma al espacio.

campo magnético una capa protectora alrededor de la Tierra. Protege al planeta contra las partículas nocivas del espacio

polos magnéticos dos pequeñas regiones de un planeta o estrella que se encuentran cerca de los polos norte y sur, hacia los que apunta la aguja de una brújula

Toda la vida en la Tierra depende del Sol. Las plantas obtienen energía del Sol. Los animales obtienen energía al comer plantas. El Sol mantiene caliente la Tierra. Sin el Sol, todo en la Tierra se congelaría y moriría.

Un eclipse solar se produce cuando la Luna pasa entre la Tierra y el Sol.

El espacio en el foco:
La sonda solar Parker

La sonda *solar Parker*

de la NASA se lanzó en 2018. Su misión es estudiar el Sol. Ahora está orbitando el Sol. A medida que orbita, se acerca mucho al Sol. Vuela dentro de la atmósfera del Sol. Vuela a través del viento solar. Allí la temperatura es muy elevada. La sonda tiene un fuerte escudo térmico. La sonda envía imágenes a la Tierra. Cuando la sonda se quede sin combustible, se quemará.

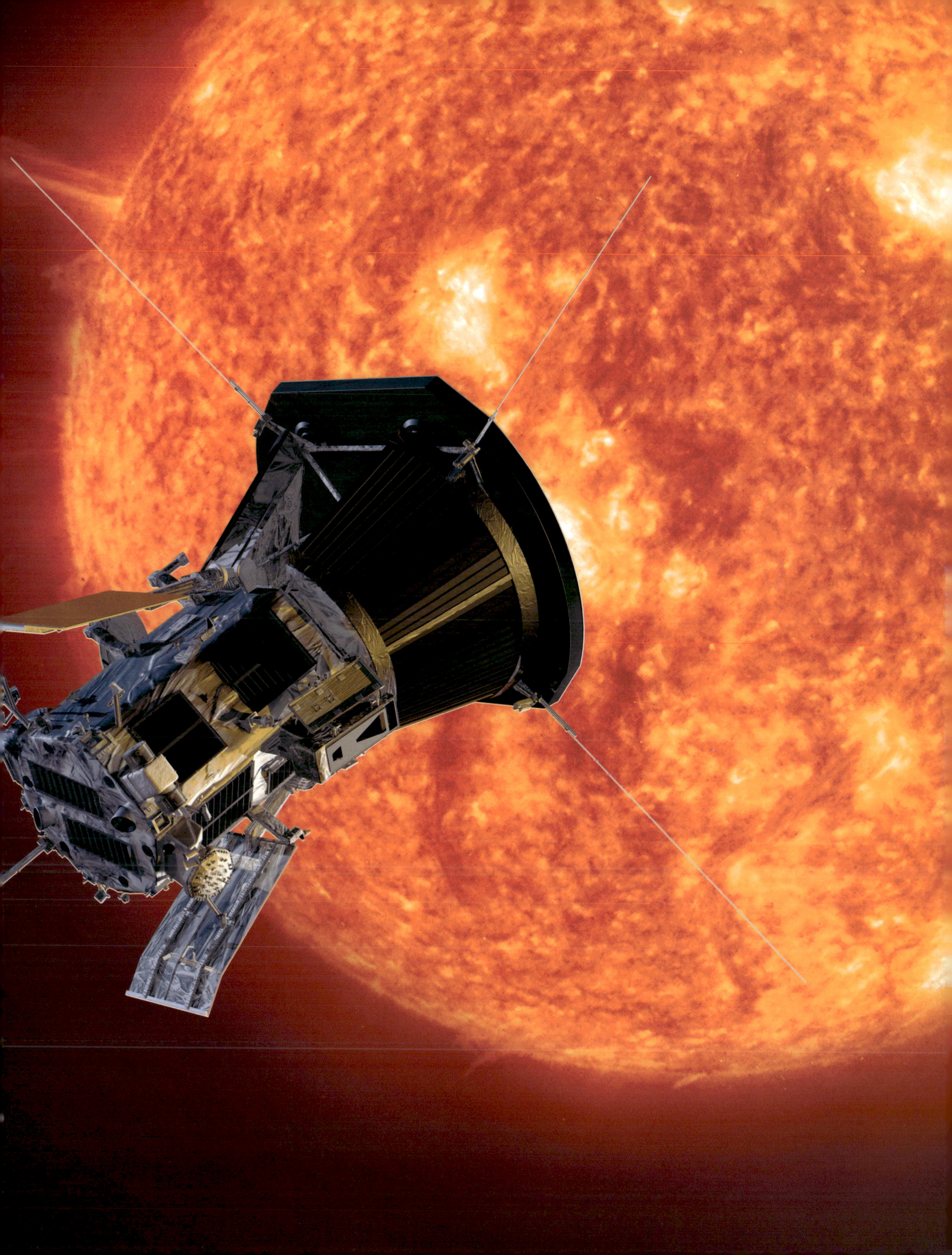

Índice